农家摇钱树·**蔬菜**

野生草菇鉴别和培养技术图说

刘月廉 / 编著

U0343328

广东省出版集团

广东科技出版社

· 广 州 ·

图书在版编目（CIP）数据

野生草菇鉴别和培养技术图说 / 刘月廉编著. —广州：
广东科技出版社，2014.2
（农家摇钱树·蔬菜）
ISBN 978-7-5359-5876-1

Ⅰ. ①野… Ⅱ. ①刘… Ⅲ. ①草菇－鉴别－图解
②草菇－蔬菜园艺－图解 Ⅳ. ① S646.1

中国版本图书馆 CIP 数据核字（2013）第 191052 号

责任编辑：尉义明
责任印制：任建强
封面设计：柳国雄
出版发行：广东科技出版社
　　　　　（广州市环市东路水荫路 11 号　邮政编码：510075）
http：//www.gdstp.com.cn
E-mail：gdkjyxb@ gdstp.com.cn（营销中心）
E-mail：gdkjzbb@ gdstp.com.cn（总编办）
经　销：广东新华发行集团股份有限公司
印　刷：佛山市浩文彩色印刷有限公司
　　　　　（南海区狮山科技工业园 A 区　邮政编码：528225）
规　格：787mm×1 092mm　1/32　印张 2　字数 100 千
版　次：2014 年 2 月第 1 版
　　　　　2014 年 2 月第 1 次印刷
印　数：1~4 000 册
定　价：12.00 元

内容简介

　　草菇因生长在潮湿腐烂的稻草中而得名，产于广东、广西、福建、江西、台湾等省区。因其肥大、肉厚、柄短、爽滑，味道极美，而被称之为"兰花菇""美味包脚菇"。

　　本书主要介绍在自然界中如何认识鉴别野生草菇，并利用野生资源进行人工培育的综合技术，最终使其成为人们餐桌上的美味佳肴。介绍内容包括有野生草菇的概述、野生草菇的形态鉴别、野生草菇菌种的采集、野生草菇菌种的制备、野生草菇简易栽培技术、野生草菇规模化生产技术及野生草菇的菜肴等。技术实用有趣，文字通俗易懂，图文并茂。适合食用菌种植专业户、农村多余劳动力、离退休人员、食用菌销售人员阅读。

CONTENTS

目录

一、野生草菇的概述

(一)第一个吃野生草菇的人

第一个吃螃蟹的人是令人佩服的，鲁迅先生称赞他为勇士。那么谁是第一个吃野生草菇的人呢？我们知道，许多野生蘑菇是有毒的，人们不敢轻易采摘来吃。据史料记载，清代道光二年（1822年）阮元等纂修《广东通志·土产篇》旨《舟车闻见录》："南华菇：南人谓菌为蕈，豫章、岭南又谓之菇。产于曹溪南华寺者名南华菇，亦家蕈也。"这里说的"南华菇"就是我们现在所说的草菇。由此可知，当时南华寺僧侣们就开始食用草菇，他们可能就是最早采食野生草菇的人。草菇的美味，令皇帝都垂涎，到1875年草菇作为贡品献给皇室。现在除了中国，草菇在日本、朝鲜、韩国、泰国、印度、印度尼西亚等国也受到广泛欢迎。

▲ 草菇菜肴

(二)野生草菇的踪迹

有史料为证，草菇起源于中国，距今已有300多年的历史。早在清代道光二年（1822年）阮元等纂修《广东通志·土产篇》就有记载，道光二十三年（1843年）黄培燦纂修《英德县志·物产略》中也有同样记述："南华菇：元（原）出曲江南华寺，土人效之，味亦不减北地蘑菇。"福建《宁德县志》记

▲ 稻草中发生的草菇

载："城北瓮窑禾朽，雨后生蕈，宛如星斗丛簇竞吐，农人集而投于市。"据清代同治十二年（1873 年），王汝惺等纂修《浏阳县志·物产》记载"现西南麻后，间生麻菌，亦不常有也。"因此，草菇也可发生于芝麻秆上，但远没有生长于稻草上常见。草菇因常常生长在潮湿腐烂的稻草中而得名，多产于广东、广西、福建、江西、台湾等地。

（三）香蕉园中的野生草菇

据刘月廉（2011）报道，随着香蕉栽培面积的扩大，野生草菇在香蕉园中的发生也频繁出现。草菇常常发生于香蕉枯叶、枯茎（假茎）或蕉园土等基质上。

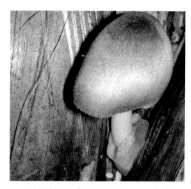

▲ 香蕉茎中发生的草菇　　　　▲ 香蕉叶中发生的草菇

▲ 蕉园土中发生的草菇

（四）野生草菇也能培育

　　野生的草菇自然发生的随机性较大，发生时间和产量往往不能人为控制。随着现代科学技术的发展，已经解决了这一问题。掌握了这一技术就可实现人为控制的愿望了。下面我们将一步步为您讲解野生草菇的培养技术。

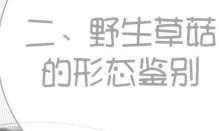

二、野生草菇
的形态鉴别

（一）野生草菇变化多端的形态

1 野生草菇看不见的形态

草菇的担孢子就相当于通常我们见过的植物种子，但是它太小，我们肉眼看不到，只能借助显微镜才能看到它的真面目。其长 5.4~8.2 微米，宽 3.5~5.5 微米，而我们肉眼只能识别大于 1 毫米的物体，所以要将其放大 100 倍以上才能看清。

草菇的担孢子在温度和湿度适宜的条件下萌发为丝状物，我们称之为菌丝，此时的菌丝中每个细胞中只有一个核，也

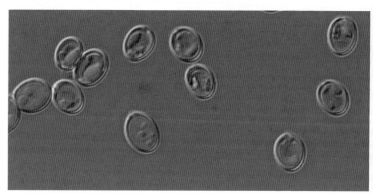

▲ 野生草菇的担孢子

称之为一级菌丝。单根菌丝的直径为 5~8 微米，肉眼也难以看到。但通常一级菌丝存在时间较短，很快它们会两两配合，形成双核的二级菌丝。单根二级菌丝的直径与一级菌丝的直径差异不大，肉眼也难以看到。但当多根菌丝聚集在一起时，我们就能看到它的菌丝集合体，也就是菌丝体了。菌丝体上常见紫红色粉状物，就是厚垣孢子。

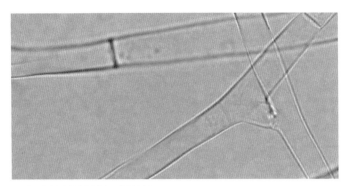

▲ 野生草菇的单根二级菌丝

▲ 野生草菇的菌丝体

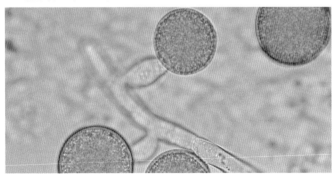

▲ 野生草菇的厚垣孢子

② 野生草菇看得见的形态

▲ 野生草菇的针头期

▲ 野生草菇的纽扣期

当二级菌丝体聚集到一定程度，环境条件适宜时，便发育成一个个的小白点，是草菇菇体发育的最初阶段。小白点出现时期也称为针头期。针头期发展为小纽扣期，然后发展

卵形菇

针头菇

纽扣菇

▲ 野生草菇的卵形期

▲ 野生草菇的伸长期

▲ 野生草菇的成熟期

为纽扣期、卵形期、伸长期和成熟期，共 6 个阶段，从第一阶段发展到第六阶段需 4~6 天。

❸ 野生草菇的标志特征

野生草菇有 5 个重要的识别标志：菌盖、菌柄、菌褶、孢子印，以及菌膜和菌托。

菌盖：灰色，中央颜色最深，辐射向四周渐浅，具有放射状暗色纤毛。

菌柄：顶部位于菌盖中间，基部位于菌托中央，圆柱形，白色，光滑干净。

菌褶：位于菌盖腹面，由片状菌褶辐射状排列，易于菌柄分离，幼嫩时菌褶白色，成熟过程中渐渐变为粉红色，最后呈棕褐色，易脆。

孢子印：切除菌柄，将菌盖正面盖在一张白纸上，约2小时后移开菌盖帽，可见白纸上的痕迹为棕褐色。

菌膜和菌托：幼嫩菇体外面有一包被包裹着，成熟过程中菌盖渐渐顶出包被，包被开裂，残留在菌盖的部分称为菌膜；留在菌柄基部的称为菌托，菌托为灰黑色或灰白色。

菌盖

菌褶

菌柄

菌托

▲ 野生草菇的典型形态

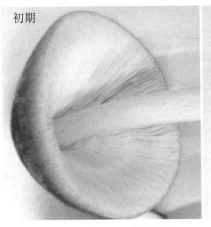
初期

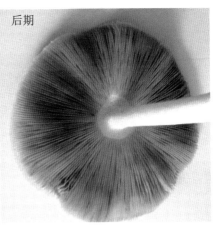
后期

▲ 菌褶（初期白色，后期棕褐色）

▲ 具纤毛的菌盖

菌膜
菌托

▲ 灰黑色的菌膜和菌托

▲ 光滑的菌柄

▲ 孢子印

（二）不要错把毒菇当草菇

❶ 鬼笔鹅膏

自然界中有一种毒性蘑菇形态与野生草菇相似，就是灰色的鬼笔鹅膏。

（1）鬼笔鹅膏与草菇的相似点

①幼嫩时都为卵形。

②成熟后菌盖都为灰色。

③菌柄均为白色，中央生。

④都具菌托。

（2）鬼笔鹅膏与草菇的不同点

①草菇的卵菇为灰色；鬼笔鹅膏的卵菇为白色。

②草菇的菌盖有纤毛，干燥；鬼笔鹅膏的菌盖有鳞片，黏性大。

▲ 鬼笔鹅膏卵形菇为白色

菌盖

▲ 鬼笔鹅膏菌盖光滑黏性

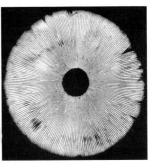

▲ 鬼笔鹅膏的孢子印为
白色

▲ 鬼笔鹅膏菌柄有菌环

▲ 鬼笔鹅膏菌托为
白色

③草菇的菌柄光滑干净；鬼笔鹅膏的菌柄有像小裙的白色菌环。

④草菇的菌托为灰色；鬼笔鹅膏的菌托为白色。

⑤成熟草菇的菌褶为棕褐色；鬼笔鹅膏的菌褶为白色。

⑥草菇的孢子印为棕褐色；鬼笔鹅膏的孢子印为白色。

❷ 裂丝盖伞

（1）裂丝盖伞与草菇的相似点

①菌盖灰色或黄褐色。

②菌盖表面具纤毛状或丝状条纹。

（2）裂丝盖伞与草菇的不同点

①草菇菌盖完整；裂丝盖伞菌盖放射状开裂。

②草菇有菌托；裂丝盖伞没有菌托。

▲ 裂丝盖伞

▲ 裂丝盖伞菌柄

▲ 裂丝盖伞菌盖

③草菇菌柄光滑、干净；裂丝盖伞菌柄上部有小颗粒，下部有纤毛状鳞片。

❸ 鬼伞

（1）鬼伞与草菇的相似点

①常与草菇生长在同一基质中。

②发育初期的也呈白色针头状

③发育中期也呈卵形。

▲ 鬼伞

▲ 鬼伞、草菇卵形菇

▲ 鬼伞成熟期

（2）鬼伞与草菇的不同点

①草菇卵形菇呈圆球形，灰色；鬼伞卵形菇呈长椭圆形，白色。

②草菇菌盖表面具纤毛，不易溶化；鬼伞菌盖表面具鳞片，快速开裂并溶化成黑色黏液。

（三）草菇认准了

草菇的形态典型，比较容易识别。如果不能确定，或有疑惑，可找相关的研究机构，如广东海洋大学农学院微生物实验室、广东省微生物研究所、中科院昆明植物研究所、中科院真菌地衣系统学重点实验室等鉴定，也可到其他相关科研、高校等研究单位求助。

三、野生草菇
菌种的采集

（一）采菇时机

我国野生草菇至今只在南方地区发现，其适宜在高温、高湿的环境下生长。采摘野生草菇宜在清明至中秋的时期进行。雨过天晴的上午都是采菇的好时机。

（二）采菇地点

草菇是草腐菌，适宜生长在含纤维素丰富的基质上，如常见于稻草堆、田埂，以及香蕉园中的土壤、香蕉叶或香蕉假茎等。

（三）采菇前培养基的准备

采菇前 1~2 天要准备好培养基（不宜太早），以便及时培养当天采摘的野生草菇组织体。

培养基简易制备可按照下面的方法来进行。不需要特殊设备或仪器，利用家居现成的条件便可完成。

❶ 香蕉叶培养基

取干燥、洁净、无霉变的香蕉叶 1 千克，切段 1~2 厘米长，加入 0.2 千克麦麸、0.1 千克石膏粉、1.2~1.4 千克自来水混合均匀，用手抓一把料，握紧，手指间有 3~5 滴水渗出为宜，此时含水量约为 65%。薄膜覆盖 2~5 小时。待香蕉叶充分均匀吸水，装入玻璃瓶子中。料量低于瓶肩，最后压平料面。清洁

▲ 香蕉叶　　　　　　　　　▲ 香蕉叶切断

▲ 麦麸　　　　　　　　　　▲ 石膏粉

▲ 香蕉叶加麦麸和石膏粉　　▲ 加水

　　瓶子外壁和瓶口内侧，盖上盖子。将装有香蕉叶的瓶子移入蒸笼中，加火蒸透（8~10小时）。自然冷却后移于干净处，瓶子倒过来摆放。此培养基适宜用于准备到香蕉园采菇的方式。

▲ 混匀

▲ 调整含水量

▲ 装瓶

▲ 压平料面

▲ 清洁

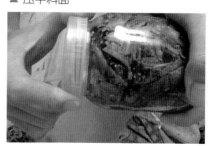

▲ 盖上盖子

▲ 香蕉叶培养基

▲ 稻草培养基

❷ 稻草培养基

取干燥、洁净、无霉变的稻草1千克，具体做法与香蕉叶培养基一样。此培养基适宜用于准备到稻草堆或田埂采菇的方式。

（四）菇体的保护

采到的菇体要尽量保持完整，去掉菇体表面的杂物（特别是菌托部分的基质或泥土），用新的塑料袋将单个的菇体分开装，并且尽量少用手触摸。上午采摘的菇体，须在当天做菌种分离，以免菇体活力下降或受细菌污染，影响菌丝的正常生长。

▲ 菇体分装

四、野生草菇菌种的制备

（一）野生草菇的组织分离

❶ 材料及用具的准备

①培养基：在采菇前准备好培养基 [见三、野生草菇的采集（三）采菇前培养基的准备]。

②刚采摘的野生草菇。

③锋利小刀。

④酒精灯、煤油灯或蜡烛。

⑤一张桌子或供操作的台面。

▲ 操作工具

❷ 菌种的分离

①操作之前，清洁双手，确保无菌操作。

②将培养基、草菇、小刀、酒精灯等放在操作台上。

③点燃酒精灯（或煤油灯、蜡烛）。

④将小刀放在火焰上烧至刀口通红（重点刀尖部分），同时将一瓶培养料移到火焰旁边，然后将刀柄放在瓶子的盖上，注意保持刀口不接触到任何物体。

⑤取一个野生草菇，用两个大拇指顶着菌托部分，将菇体对半开裂，注意手指不要碰到菌柄上部及菌盖部分。

⑥用小刀小心切取菌盖与菌柄交界部分的中间组织一小块（约绿豆大小）。注意组织块除了接触刀面外不能碰到任何东西，不要切取带有外表组织的菌块，否则丢掉，重新操作。

⑦在火焰上端将组织块迅速放入培养料瓶子内，立即盖

上盖子。

⑧重复操作，先做卵形菇，后做成熟菇。一个瓶子放一块组织。整个操作过程中，一个菇体可切取多块组织，但要保证按照步骤⑥中的要求操作。换另一菇体时要将小刀在火焰上烧一次再用。任何时候如果刀口接触到其他物体，要重

▲ 小刀灭菌

▲ 小刀放置

▲ 菇体对半

▲ 切取组织块

▲ 组织块接入培养基

▲ 盖上盖子

新烧过才可以再次使用。

（二）野生草菇菌种的培养

①将上述接好组织块的培养基移入一个干净环境，瓶子正向摆放。

②环境无直射光，但有漫射光，普通家居生活的环境。

③环境干燥，空气相对湿度低于75%。洗澡间或厨房不宜。

④清明至中秋期间，温度适宜，自然条件即可。

▲ 菌种的培养

（三）野生草菇菌种质量的鉴别

① 培养第5天对菌种进行检查

①将瓶子移到光线充足之处，勿开瓶盖，隔着玻璃找到组织块。

②如果组织块有菌丝向四周生长开来，并且菌丝呈淡灰

▲ 组织块菌丝萌发

▲ 操作污染

▲ 灭菌不彻底

色或淡黄色，这种现象为正常状态！

③如果组织块无变化或干缩，说明组织块菌丝无活力或已死亡，可能是被烫死或是由于组织块太小干燥而死，这种现象为失败。

④检查是否有黑色、绿色等霉状物。

⑤如果霉状物出现在瓶口，分布在培养基的表面，说明是在组织块放入培养料瓶子时操作不当，导致污染。可能原因：一是动作不够迅速，瓶盖打开时间过长；二是瓶子离开火焰上端太远。两种情况使周围空气中的霉菌孢子掉进培养基中得以萌发生长。有此现象的瓶子要及时挑出，勿留在同一环境。

⑥如果霉状物出现在瓶子的中间或底部，说明培养基蒸煮时间不够，培养基中原来的霉菌孢子没有被高温杀死，而得以萌发生长。有此现象的同样要及时挑出，勿留在同一环境。

❷ 培养第7~20天对菌种进行检查

菌种生长到1周左右，可见菌丝自上而下扩展，菌丝前端整齐，长势旺盛。约20天菌丝长到瓶底，瓶壁上的菌丝产生棕红色的厚垣孢子。此时野生草菇菌种就培育完成，可用于数量的扩大或直接栽培。

▲ 菌丝进入旺盛生长期

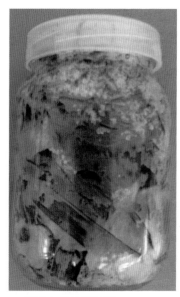

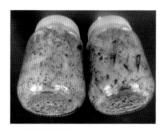

▲ 菌丝长满　　　　　　　▲ 瓶壁上的厚垣孢子

（四）野生草菇菌种的扩大

长满瓶子的菌种可根据需要进行扩大，就是 1 瓶菌种可以扩大出 50~80 瓶的菌种。

① 材料及用具的准备

①培养基：见"三、野生草菇的采集（三）采菇前培养基的准备"。

②长满瓶子的菌种。

③接种锄。

接种锄可自制，自制接种锄的方法很简单，就是将一段铁线（直径约 3 毫米，长约 20 厘米）的一端用锤子打扁（约

2厘米长），然后再将扁平的末端按直角弯折为锄状即可。

④酒精灯、煤油灯或蜡烛。

⑤接种台。

❷ 接种

①洗净双手。

②将接种材料及器具放在接种台上。

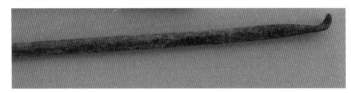

▲ 接种锄

▲ 接种锄火焰灭菌　　　▲ 表面菌种块挖掉

▲ 接种　　　▲ 盖上盖子

③点燃酒精灯（或煤油灯、蜡烛）。

④将接种锄放在火焰上，上下烧至手抓部位，重点烧锄口至通红。

⑤将菌种盖子打开，把靠近瓶口部位的菌种连带培养料用接种锄挖掉。

⑥将瓶口及菌种部分放在火焰上过一下。

⑦将接种锄置于火焰上过一下。

⑧用接种锄挖取一小块菌种（约 1 厘米宽，0.5 厘米厚），迅速放入新的培养基瓶子内，盖上盖子。

⑨注意所有的操作都在火焰上端进行，特别是两个瓶口尽量不离开火焰。两个人合作，一人取菌种，一人开盖子，工作效率比较高。

⑩一般 1 瓶菌种可扩大 50~80 瓶。一瓶菌种全部接完，换另一瓶菌种时，接种锄要重新在火焰上烧过。

③ **培养**

培养方法与上述"（二）野生草菇菌种的培养"相同。

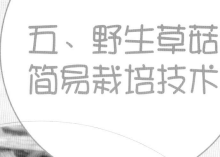

五、野生草菇简易栽培技术

（一）栽培料的准备

晴天，收集无霉变的干稻草。秋、冬季，少雨时节，收集无霉变的干香蕉叶。春、夏季，雨多，易腐烂，栽培料易发霉，所以最好提前准备好栽培料。

▲ 香蕉叶的收集

（二）栽培场所的选择

应选择有两面采光窗户的室内，或密闭度较大的树林间，或用遮光率 70% 遮阳网搭建的荫棚等，凡无较强太阳光照射的地方都可以选作草菇的栽培场所。

（三）栽培料的处理

❶ 浸料池

砌一水池，或准备一个大水盆。

❷ 栽培料的配比

按栽培料和石灰粉 20：1 的比例称量。根据菌种量来确定用料。一般接种量占栽培料的 10%~15%。即 5 千克的菌种(除瓶重)，可称量 50 千克的稻草，或者 50 千克的香蕉叶，加 2.5 千克的石灰粉。

▲ 铺料踩实

▲ 灌水

▲ 撒石灰粉

▲ 压实浸泡

❸ 浸泡

　　池底（或水盆底）铺一层栽培料，踩实，均匀撒一层石灰粉，然后交替，再铺一层栽培料一层石灰粉，直至栽培料和石灰粉用完。在表面加重物（石头或砖块等）压住栽培料。然后往池或盆中灌水，至淹没栽培料，浸泡24~48小时。

（四）铺料播种

❶ 沥水

　　将浸泡的栽培料，从水中捞出，置于筐中，自然沥掉多余的水分。

❷ 撒石灰粉

　　在准备栽培的地面撒一层石灰粉。

❸ 播种

　　①第一层铺料：地上先铺一层厚约5厘米、宽约50厘米的栽培料，压实、整平。

　　②接种锄灭菌：将接种锄放在火焰上烧过（与前面所述相同）。

　　③打开培养好的菌种，用接种锄将菌种挖出，沿第一层铺料四周播一层菌种，中间部位不播种。

　　④第二层铺料播种：在第一层料上铺料播种，方法与第一层铺料播种方法一样。

　　⑤第三层铺料播种：在第二层铺料照上铺料约5厘米，然后在整个料面撒满菌种，再薄薄地撒一层栽培料，均匀洒

▲ 沥水 ▲ 撒石灰粉

▲ 第一层铺料 ▲ 播种

▲ 最后一层铺料播种 ▲ 覆膜

一遍水，用手按压边料，有水渗出即可。

⑥覆膜：铺料播种完成的料面上，直接覆上薄膜，也可用竹片架成弓形再覆上薄膜，以保温、保湿。

（五）发菌

铺料播种后的第 1~4 天为发菌初期，不要随意搬动接种后的栽培料，不要随意掀开薄膜，铺料播种后的第 5~6 天为发菌中期，轻轻掀开薄膜一侧，观察针头菇形成情况。

▲ 发菌

（六）采菇

播种后的第 7~8 天为发菌后期，可见纽扣菇、卵形菇，个别菇体进入伸长期，此时可采菇。采菇时用一手按住菇体下方的培养料，一手将菇体轻轻转动摘下。所有菇体，宜一次性采完（无论大小），以利于下潮菇的发生。

▲ 大小采完菇

▲ 卵形菇（采菇最佳时期）

六、野生草菇规模化生产技术

前面介绍的野生草菇简易栽培技术是一种提供自给自足的生产技术，适合于初接触者，或用于怡情养性的爱好者，不能满足能创造经济效益的规模化生产。下面我们重点介绍野生草菇规模生产的规范化技术。

（一）母种的制备

❶ 接种器具的准备

将试管、漏斗、小勺子、接种钩、试管架、小铝锅、恒温培养箱、酒精灯、电炉、超净工作台、电子天平、拌料盆、报纸、绵绳、高压灭菌锅、小长板等准备好。

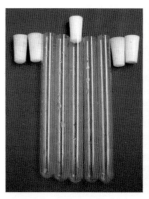

▲ 试管及塞子　　▲ 漏斗

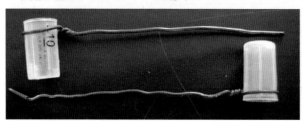

▲ 小勺子　　　　　　　　　▲ 接种钩

▲ 试管架

▲ 恒温培养箱

▲ 超净工作台

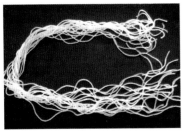

▲ 绵绳

▲ 高压灭菌锅

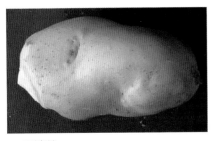

▲ 马铃薯

❷ 母种培养基配方

马铃薯（土豆）200 克，葡萄糖 20 克，琼脂 20 克，水 1 000 毫升。

▲ 葡萄糖

▲ 琼脂粉

❸ 母种培养基制备

称取去皮新鲜马铃薯 200 克，切成 1 厘米左右的小方块放于小铝锅中，加入 1 000 毫升自来水，置电炉上煮至熟而不烂(煮沸约 20 分钟)后，用双层纱布过滤。把蔗糖(或葡萄糖)、琼脂粉加到滤液中，加热搅拌至琼脂粉完全熔化，补足水量至 1 000 毫升。趁热用漏斗将培养基分装到试管中，每管约 10 毫升，用胶塞塞紧，以 7 管为一捆，用报纸包好，在 121℃、压力 110 千帕下进行高压蒸汽灭菌 30 分钟，灭菌完成后趁热摆斜面。

▲ 马铃薯切块

▲ 煮至熟而不烂

▲ 纱布过滤

▲ 滤液

▲ 加入葡萄糖和琼脂粉

▲ 加热搅拌

▲ 分装培养基

▲ 塞上塞子

▲ 包扎

▲ 灭菌

▲ 摆斜面

④ 接种及培养

将制备好的母种培养基、接种针、酒精灯、打火机摆进超净工作台，打开紫外灯灭菌30分钟，通风后进行接种。接种方法参考"四、野生草菇菌种简易培养法（一）野生草菇的组织分离"，无菌操作下，将子实体纵向撕成两半，用小刀切取菌柄内部接近菌盖部位的组织，接种于试管斜面中间部位，然后用胶

▲ 取组织块

▲ 组织块接入试管

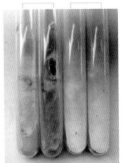

污染　正常

▲ 接种污染

▲ 恒温箱培养

▲ 培养组织块萌发

▲ 长满试管的草菇一
级菌种

▲ 母种的纯化与扩大

▲ 培养瓶

塞封好，7 支为一捆，用报纸包扎好，放在 28℃的培养箱中进行培养，一般经过 5~7 天的培养后，菌丝就能长满试管斜面。

❺ 母种的纯化与扩大

将长满试管的母种，通过无菌操作转接到新的试管培养基中。1 支纯的母种可以扩大约 20 支试管，培养长满后，可满足规模生产的需要。

（二）原种的制备

❶ 接种器具的准备

培养瓶、接种勾、超净工作台（专业购买）、磅秤、电子天平、拌料盆、高压灭菌锅（专业购买）。

❷ 原种培养基配方

88% 香蕉叶（或稻草），10% 麦麸，2% 石灰，含水量 65%，pH 8.0。

❸ 原种培养基制备

按照培养基的比例准确称量各种培养基成分（香蕉叶或稻草需事先剪碎或撕碎），然后放置于拌料盆中，先加入事先溶解生石灰的上清液，同时不断搅拌，接着不断加水并不断搅拌，使其充分吸水软化，直到用手抓起培养料，挤压时指缝间有水滴滴出为止（含水量约为 65%）。

将充分吸水软化的培养料分装于培养瓶中。装瓶是要松

▲ 灭菌

紧有度，培养料不宜太松散，否则菌丝可能生长不良；不宜压得过实，否则菌丝会因没有生长空间而停止生长。同时培养料装至距瓶口约 2 厘米处即可，不宜过多。装料完毕后擦净瓶外壁及瓶口，盖上瓶盖。最后将分装好的培养基置于高压灭菌锅中 121℃灭菌 30 分钟。

❹ 原种培养基接种

待接种前，将原种培养基从灭菌锅中取出，冷却，置于超净工作台中紫外线灭菌 20 分钟。随后将菌丝生长旺盛的母种作为接种源，用接种针挑取一小块琼脂培养基连同菌丝一起接入原种培养基中，迅速拧紧瓶盖。接种完毕，将原种培养瓶置于室温下培养约 15 天，待菌丝长满玻璃瓶时可用于菌种的扩大或栽培。

▲ 接种

（三）栽培种的制备

▲ 制种袋

❶ 接种器具的准备

聚丙烯制种袋（专业购买）、接种勾、超净工作台（专业购买）、磅秤、常温常压灭菌锅（自建）。

❷ 栽培种培养基配方

88% 香蕉叶（或稻草），10% 麦麸，2% 石灰，含水量 65%，pH 8.0。

❸ 栽培种培养基制备

参照原种制作方法进行，不同的是培养料是装入制种袋，用常温常压灭菌 8~10 小时。

▲ 栽培种接种

❹ 栽培种培养基的接种及培养

无菌操作，用接种勾挑出原种的一小块菌种，接入栽培种培养基中，扎紧袋口，移入培养室中培养，约 20 天长满袋子就可以用于栽培了。

▲ 栽培种培养

▲ 长好的栽培种

（四）栽培

① 准备

（1）场地的选择

可根据条件选择室内、荫棚、树林、保温室等遮阴、保温较好的环境。考虑水源方便、交通便利的地点。

（2）栽培料的准备

因地制宜选择稻草、香蕉叶、剑麻渣、废棉等材料。稻草和香蕉叶生产的草菇天然栽培料的选择，但产量不及剑麻渣和废棉，而后两者生产的草菇味道不如前两者，生产时可根据实际情况选择栽培料。

② 栽培步骤

（1）稻草和香蕉叶栽培法

参照"五、野生草菇简易栽培法"的方法进行,只是在原料,

▲ 橡胶林下生产草菇

场地等方面扩大数量和面积便可。

（2）剑麻渣栽培法

新鲜剑麻渣自然堆制发酵1周，颜色从绿色变为金黄色时进行铺料播种。铺料成条形，长大于2米，宽约1米，高约0.5米，龟背状。料面点穴播放菌种，用料轻轻盖住菌种以免外露。盖上薄膜（或裸露），发菌约8天可采菇。

（3）废棉栽培方法

先将废棉淋水湿透（料水比约为1∶1.4），加入5%的石灰，拌匀，含水量控制在65%~70%（手握料有成串水滴滴下），起堆，盖上薄膜，发酵2天；将内外培养料翻透，加入10%的麸皮拌均匀，同样起堆，覆膜发酵2天；如此进行翻

▲ 发酵的剑麻渣

▲ 铺料

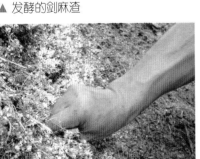
▲ 播种

▲ 发菌

▲ 出菇（剑麻渣栽培法）

▲ 采菇

▲ 出菇（废棉栽培法）

堆 2~3 次培养料即发酵完成。铺料播种参照剑麻渣栽培法进行，盖上薄膜，发菌约 8 天可采菇。

七、野生草菇的菜肴

（一）草菇的营养价值

　　草菇肉质肥嫩、味道鲜美，且富含容易被人体吸收利用的优质蛋白质、不饱和脂肪酸、碳水化合物、多种维生素和矿物元素。草菇的蛋白质中含人体所必需的 8 种氨基酸，且含量高，占氨基酸总量的 38.2%。草菇能够减缓人体对碳水化合物的吸收，是糖尿病患者的良好食品。草菇的维生素 C 含量高，能防治坏血病。草菇还具有解毒作用，如铅、砷、苯进入人体时，可与其结合，形成抗坏血元，随小便排出。草菇还含有一种异种蛋白物质，有消灭人体癌细胞的作用。因此，经常食用草菇可增强机体对传染病的抵抗能力。

（二）草菇的菜谱

❶ 煮食

排骨草菇汤

　　材料：卵形草菇 240 克，排骨 200 克，盐和味精适量。

　　做法：将鲜草菇洗净，留整；把排骨斩成小块，洗净沥干水分；将排骨放在开水锅中烫 5 分钟，捞出用清水洗净。将排骨、草菇和适量清水，上旺火烧沸，再改用小火炖约 20 分钟，加盐、味精即可。此时，卵形菇咬开，中间包含的汁液甜美无比，菇体爽脆可口，汤清味鲜。

② **蒸食**

🥣 **草菇蒸鸡**

　　材料：鸡肉 500 克，草菇 250 克，沙姜、蒜、酒、生抽和盐适量。

　　做法：将鲜草菇洗净，切薄片；鸡肉洗净切成小块；将沙姜、蒜、酒、生抽和盐与鸡肉混合搅拌腌制 30 分钟；置锅于火上，将草菇片与腌制的鸡肉拌匀，放进蒸锅中，大火 20 分钟即可出锅食用。

③ **焖食**

🥣 **蚝油焖草菇**

　　材料：草菇 200 克，姜片 3 片，红椒丝、油、青瓜丝、葱白丝各少许，蚝油 1.5 汤匙。

　　做法：将鲜草菇洗净，对半切；烧开水，放入几滴油，放入草菇，再次烧开后即可捞出草菇；热锅，放入少许油，略煎一下姜片后倒入草菇；草菇炒均匀后，倒入蚝油；炒均匀至蚝油黏裹到每一粒草菇即可装起享用；装盘后，撒少许葱白丝、青瓜丝、红椒丝装饰一下即可。

④ **炒食**

🥣 草菇炒虾仁

材料：虾仁 300 克，草菇 200 克，食用油 300 克（实耗 30 克），胡萝卜 25 克，鸡蛋 1 个，淀粉、料酒、胡椒粉、盐和味精适量。

做法：虾仁洗净后拭干，拌入适量的盐、胡椒粉、蛋清腌 10 分钟；在沸水中加少许盐，把草菇汆烫后捞出，冲凉；胡萝卜去皮，先煮熟后再切片；锅内放适量油，烧至七成热，放入虾仁过油，滑散滑透时捞出，余油倒出；锅内留少许油，炒胡萝卜片和草菇，然后将虾仁回锅，加入酒、盐、清水、胡椒粉、淀粉、味精，炒匀即可。

⑤ **其他食用方法**

草菇的做法还有许多，诸如草菇烧肉、牛肉炒草菇、拌豆瓣草菇、黄花菜草菇炒肉、草菇炒咸菜、草菇炒花蟹、青菜草菇、草菇炒鸡腿肉、草菇烧豆腐、草菇豆腐汤、草菇烧丝瓜、鲜草菇丝瓜鱼片汤、草菇丝瓜汤、虾米瑶柱草菇汤、草菇沙拉虾球、豆腐青苗草菇汤、草菇冬瓜球、草菇豆腐排骨汤、兔肉卷配奶油草菇汁、青红黄椒炒草菇、蚝油草菇烩菜心、草菇菜心、斋鸭掌草菇煲等。

参考文献

刘月廉. 1998. 稻壳发酵料栽培平菇试验 [J]. 食用菌, (4): 18–19.

刘月廉, 陈爱珠, 郭荣发, 等. 2004. 野生洛巴伊口蘑菌株生物学特性的研究（英文）[J]. 华中农业大学学报, (1): 36–39.

刘月廉, 陈爱珠, 曾辉香, 等. 2003. "海珍菇"菌株的鉴定及生物学特性的研究. 中国菌物学会. 中国菌物学会第三届会员代表大会暨全国第六届菌物学学术讨论会论文集 [C]: 8.

刘月廉, 吕庆芳, 潘颂民, 等. 2005. 富贵竹废料培养食用菌试验 [J]. 中国林副特产, (1): 33–35.

刘月廉, 谭树明. 1999. 五种覆土在三种栽培料上栽培草菇试验 [J]. 食用菌, (6): 19–21.

刘月廉, 谭树明, 梁恩义, 等. 2000a. 肺形侧耳 P_（95418）菌株生物学特性的研究 [J]. 食用菌学报, (3): 25–29.

刘月廉, 谭树明, 梁恩义, 等. 2000b. 肺形侧耳 P_（95418）菌株栽培特性研究 [J]. 食用菌学报, (4): 38–42.

刘月廉, 吴铟, 陈晓春. 2011. 来自广东河源两个灵芝菌株的比较鉴定 [J]. 广东农业科学, (4): 123–125.

刘月廉, 谢平, 吕庆芳, 等. 2005. 温度对侧耳不同品种产量影响的研究 [J]. 云南农业大学学报, (2): 235–238, 243.

Liu Yuelian, Lu Qingfang. 2011. Identification and cultivation of a wild mushroom from banana pseudo-stem sheath. Scientia Horticulture, 129: 922–925.

致　谢

　　本书在编写过程中，得到广东海洋大学农学院刘泽彬、肖逊、周锦荣、郑获、吕伟生等同学的帮助，谨此表示衷心感谢！

野生草菇鉴别和培养技术图说

ISBN 978-7-5359-5876-1

扫一扫，更精彩

广东科技出版社官网　广东科技出版社官方微博

9 787535 958761 >

定价：12.00元